# 3

# CÁLCULO

VISUAL
MENTE

ANAYA

AF749898

# CÁLCULO

## VISUAL MENTE

Activa tu mente para...

- Visualizar las matemáticas.
- Recordar métodos de cálculo que ya conoces y aprender otros nuevos.
- Trabajar las matemáticas desde diferentes perspectivas.
- Adquirir soltura al hacer las operaciones.
- Utilizar materiales para aprender.
- Disfrutar con juegos matemáticos.
- Desarrollar tu creatividad.

### 1 ¡Saca la foto!

En estas páginas te presentamos métodos de cálculo de forma visual. Presta atención a las imágenes y prepárate para practicar.

### 3 ¡A inventar!

Nosotros te daremos algunas pistas y tú pondrás la creatividad inventando problemas.

### 4 Mapa visual

En estas páginas tendrás que completar un esquema de lo que has practicado.

## Toma otro camino

Aprende a calcular desde otra perspectiva. En estas páginas ampliarás tus horizontes matemáticos.

## No te despistes

En esta sección debes tener presente que distintos métodos de cálculo pueden conducir a los mismos resultados. Las matemáticas pueden tener aspectos muy distintos.

2

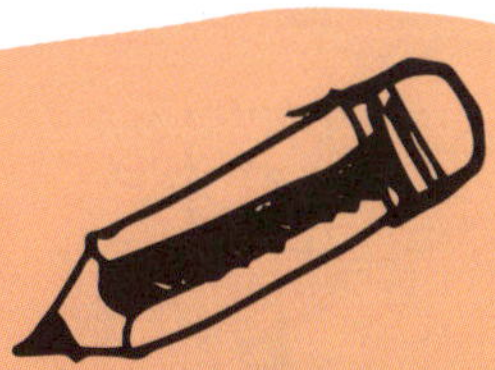

## Coge el lápiz

Aquí encontrarás los ejercicios con los que ponerte manos a la obra. Sigue la secuencia que proponemos para dominar el método de cálculo planteado.

## Toca las mates

Te proponemos que utilices regletas, palillos y otros materiales para practicar con los números y las operaciones. Las matemáticas también se trabajan con las manos.

## Zona de juegos

Agudiza tu ingenio y tómate un respiro con los diferentes juegos que proponemos.

# 1 Recordamos qué es restar

## ¿Qué es restar?

Eliminar una parte de una cantidad.

## ¿Cómo resto?

**1** Coloca el minuendo y el sustraendo.

| | C | D | U |
|---|---|---|---|
| | 4 | 4 | 8 |
| – | 2 | 2 | 3 |

**2** Resta las unidades, las decenas y, por último, las centenas.

| | C | D | U |
|---|---|---|---|
| | 8 | 6 | 5 |
| – | 4 | 5 | 2 |
| | 4 | 1 | 3 |

**1** Calcula.

$$\begin{array}{r} 419 \\ -\ 205 \\ \hline \end{array} \qquad \begin{array}{r} 687 \\ -\ 352 \\ \hline \end{array} \qquad \begin{array}{r} 274 \\ -\ 133 \\ \hline \end{array} \qquad \begin{array}{r} 968 \\ -\ 525 \\ \hline \end{array}$$

$$\begin{array}{r} 346 \\ -\ 134 \\ \hline \end{array} \qquad \begin{array}{r} 893 \\ -\ 782 \\ \hline \end{array} \qquad \begin{array}{r} 194 \\ -\ 143 \\ \hline \end{array} \qquad \begin{array}{r} 572 \\ -\ 351 \\ \hline \end{array}$$

**2** Coloca en vertical, calcula y colorea los resultados según lo indicado.

556 – 324 | 685 – 410 | 375 – 132 | 492 – 281

menores que 250 | mayores que 250

**3** Resta en horizontal y ordena los resultados de menor a mayor.

| | | |
|---|---|---|
| 463 – 221 = ☐ | 386 – 274 = ☐ | 794 – 353 = ☐ |
| 579 – 345 = ☐ | 272 – 131 = ☐ | 879 – 567 = ☐ |

☐ < ☐ < ☐ < ☐ < ☐ < ☐

## Zona de juegos

- Completa.

| | | | | |
|---|---|---|---|---|
| ☐ | – | 14 | = | ☐ |
| – | | + | | + |
| ☐ | + | ☐ | = | 35 |
| = | | = | | = |
| 11 | + | ☐ | = | 46 |

4 Coloca, resta y escribe cómo se leen los resultados.

| | | | | | |
|---|---|---|---|---|---|
| Minuendo | 694 | Minuendo | 476 | Minuendo | 758 |
| Sustraendo | 382 | Sustraendo | 153 | Sustraendo | 426 |

5 Une cada resta con su resultado.

| | |
|---|---|
| 976 – 452 | 224 |
| 385 – 161 | 231 |
| 654 – 232 | 524 |
| 998 – 767 | 422 |

- Inventa un problema que se resuelva con una resta y tenga la solución dada.

Enunciado: ______________________________

______________________________

______________________________

______________________________

______________________________

______________________________

Solución:

Le quedan 254 euros.

## Me pongo a prueba

- Colorea de verde lo que hayas hecho muy bien, de amarillo lo que hayas hecho bien y de rojo aquello que puedas hacer mejor.

○ Recuerdo qué es y cómo se resuelve una resta sin llevadas.

○ Invento y resuelvo problemas dada la solución.

○ Realizo los ejercicios propuestos sin ayuda.

# 2 Resta con llevadas (números de tres cifras)

**324 – 176**

**PASO 1**

| C | D | U |
|---|---|---|
| | 1 1D | 14 |
| 3 | ~~2~~ | ~~4~~ |
| – 1 | 7 | 6 |

¡No puedo eliminar 6 a 4!
Entonces cambio 1 DECENA por 10 UNIDADES.

**PASO 2**

| C | D | U |
|---|---|---|
| 3 | 1 | 14 |
| – 1 | 7 | 6 |
| | | 8 |

**PASO 3**

| C | D | U |
|---|---|---|
| 2 1C | 11 | |
| ~~3~~ | ~~1~~ | 14 |
| – 1 | 7 | 6 |
| 1 | 4 | 8 |

¡No puedo eliminar 7 a 1!
Entonces cambio 1 CENTENA por 10 DECENAS.

**1** Calcula estas restas.

| | | | | |
|---|---|---|---|---|
| 6 4 3 | 3 1 5 | 8 2 3 | 7 5 6 | 1 2 1 |
| – 2 9 4 | – 1 4 8 | – 4 5 9 | – 3 0 7 | – 1 1 9 |
| ☐ | ☐ | ☐ | ☐ | ☐ |

## 2 Calcula y colorea los resultados como se indica.

$242 - 129 = \square$ $465 - 176 = \square$ $521 - 398 = \square$ $663 - 275 = \square$ $406 - 217 = \square$

2C 8D 9U   1C 8D 9U   1C 2D 3U

3C 8D 8U   1C 1D 3U

## 3 Resta, ordena los resultados y escribe la palabra que se forma con los resultados obtenidos.

| $562 - 384$ | $714 - 496$ | $805 - 217$ | $653 - 185$ | $487 - 199$ |
|---|---|---|---|---|
| ☐ | ☐ | ☐ | ☐ | ☐ |
| RO | LI | TE | CÓP | HE |

☐ < ☐ < ☐ < ☐ < ☐

**Palabra:** ______________________

## 4 Continúa la serie.

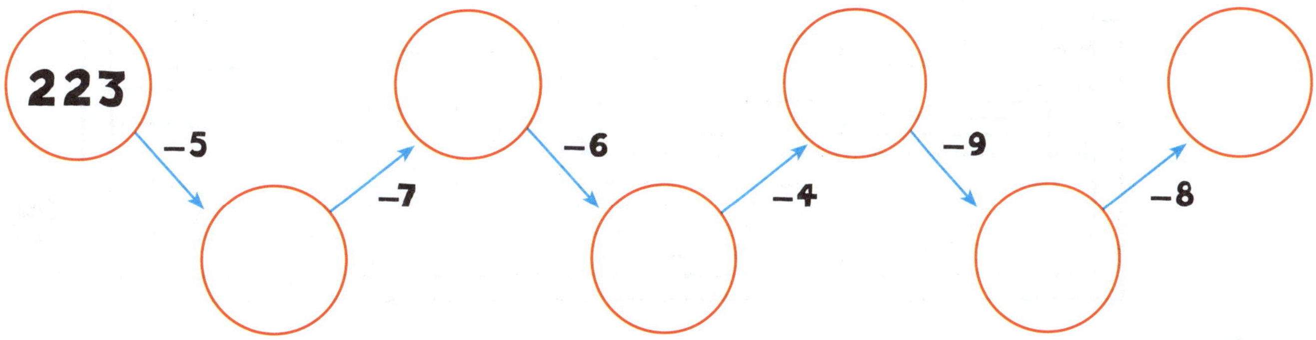

## 5 Une cada resta con su resultado.

| | | | |
|---|---|---|---|
| 441 – 195 | ● | ● | 146 |
| 532 – 266 | ● | ● | 331 |
| 814 – 483 | ● | ● | 246 |
| 333 – 187 | ● | ● | 266 |

## 6 Colorea los resultados correctos y corrige los incorrectos.

$$\begin{array}{r} 534 \\ -\,248 \\ \hline 386 \end{array} \qquad \begin{array}{r} 638 \\ -\,459 \\ \hline 169 \end{array} \qquad \begin{array}{r} 910 \\ -\,326 \\ \hline 584 \end{array} \qquad \begin{array}{r} 145 \\ -\,129 \\ \hline 016 \end{array} \qquad \begin{array}{r} 726 \\ -\,567 \\ \hline 158 \end{array}$$

## Zona de juegos

- Encuentra la salida del laberinto.

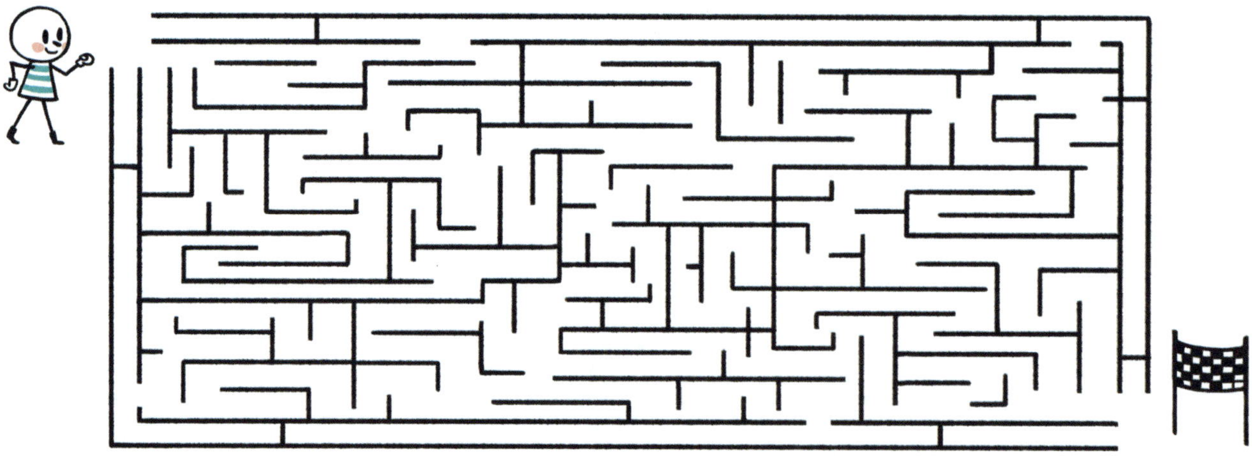

# Toma otro camino

Resta con bloques de base 10.

**316 – 197**

**PASO 1**

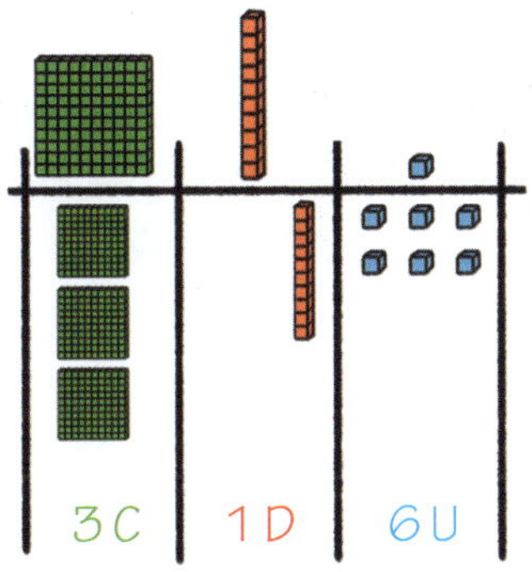


Colocamos el minuendo.

**PASO 2**

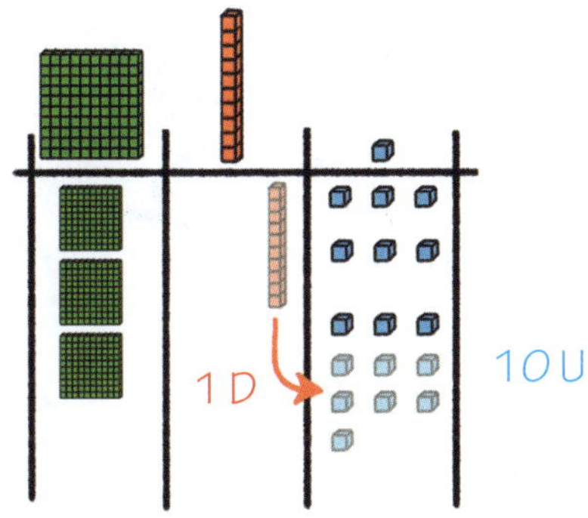


Eliminamos 7 U a 6 U.
Como no se puede, cambiamos 1 D por 10 U.

**PASO 3**

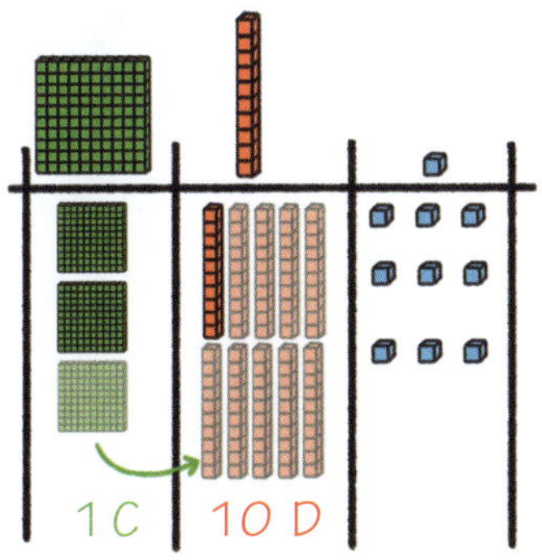


Eliminamos 9 D a 0 D.
Como no se puede, cambiamos 1 C por 10 D.

**PASO 4**

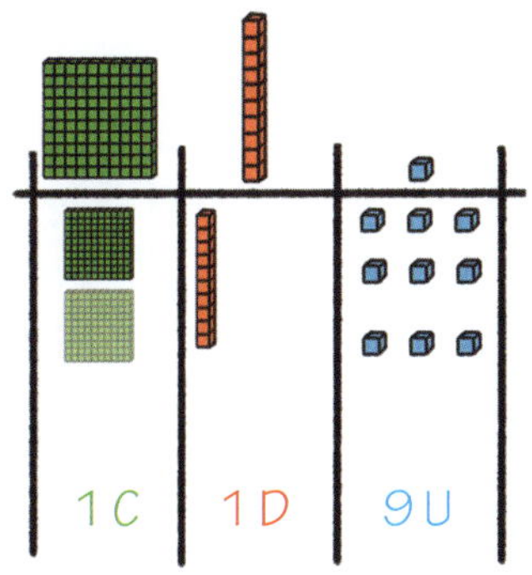


Eliminamos 1 C a 2 C.
Contamos los bloques que quedan.
El resultado es 119.

Utiliza los bloques de base 10 para hacer estas restas.

624 – 346 = ☐ 413 – 285 = ☐ 531 – 265 = ☐

554 – 439 = ☐ 257 – 179 = ☐ 938 – 749 = ☐

**7** Calcula y ordena los resultados de mayor a menor.

| | | | | |
|---|---|---|---|---|
| 931 | 725 | 582 | 444 | 613 |
| − 457 | − 349 | − 193 | − 266 | − 328 |

**8** Colorea del mismo color aquellos resultados que sean iguales.

| | | | |
|---|---|---|---|
| 316 | 624 | 831 | 722 |
| − 197 | − 249 | − 583 | − 347 |

| | | | |
|---|---|---|---|
| 435 | 705 | 333 | 908 |
| − 187 | − 318 | − 214 | − 521 |

## No te despistes

- Resta con bloques de base 10 y con cifras. Comprueba que los resultados coinciden.

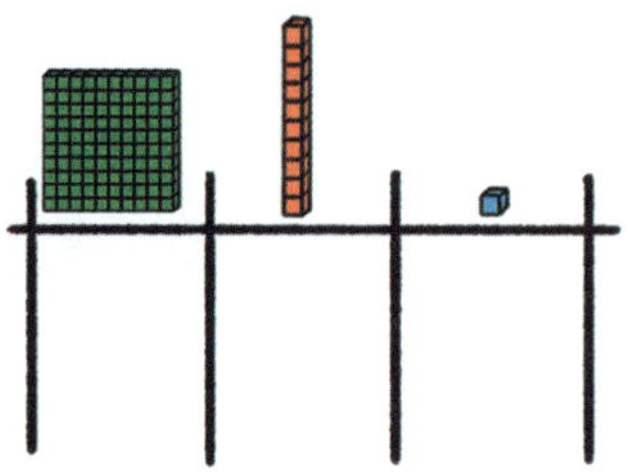

**734 − 458**

Resultado:

- Inventa un problema que se resuelva con la siguiente operación.

Enunciado: ______________________________

______________________________

______________________________

______________________________

______________________________

______________________________

$$\begin{array}{r} 614 \\ -\ 296 \\ \hline \end{array}$$

Solución: ______________________________

☐ ______________________________

## Me pongo a prueba

- Colorea de verde lo que hayas hecho muy bien, de amarillo lo que hayas hecho bien y de rojo lo que puedas hacer mejor.

  - ○ Realizo restas con llevadas con números de tres cifras.
  - ○ Utilizo bloques de base 10 para realizar restas con llevadas.
  - ○ Invento y resuelvo problemas dada una operación.
  - ○ Realizo los ejercicios propuestos sin ayuda.

# 3 Prueba de la resta

517 – 289

| | C | D | U | |
|---|---|---|---|---|
| | 5 | 1 | 7 | Minuendo |
| – | 2 | 8 | 9 | Sustraendo |
| | 2 | 2 | 8 | Diferencia |

→

| | C | D | U | |
|---|---|---|---|---|
| | 2 | 8 | 9 | Sustraendo |
| + | 2 | 2 | 8 | Diferencia |
| | 5 | 1 | 7 | Minuendo |

**Sustraendo + Diferencia = Minuendo**

1 Resta y comprueba el resultado.

$$\begin{array}{r} 316 \\ -\,197 \\ \hline \end{array} \qquad \begin{array}{r} 624 \\ -\,249 \\ \hline \end{array} \qquad \begin{array}{r} 831 \\ -\,583 \\ \hline \end{array} \qquad \begin{array}{r} 722 \\ -\,347 \\ \hline \end{array}$$

## 2 Comprueba las restas y corrige las incorrectas.

| | | | | |
|---|---|---|---|---|
| 923 | 538 | 604 | 835 | 412 |
| − 205 | − 389 | − 426 | − 178 | − 294 |
| 618 | 149 | 178 | 647 | 228 |

## 3 Calcula y une cada resta con su prueba.

825 – 176 = ☐ ●

403 – 227 = ☐ ●

646 – 369 = ☐ ●

917 – 268 = ☐ ●

● 227 + 176 = ☐

● 268 + 649 = ☐

● 176 + 649 = ☐

● 369 + 277 = ☐

## 4 Calcula el número que falta.

| | | | | |
|---|---|---|---|---|
| ☐ | ☐ | ☐ | ☐ | ☐ |
| − 234 | − 382 | − 116 | − 401 | − 259 |
| ☐ | ☐ | ☐ | ☐ | ☐ |
| ↓ | ↓ | ↓ | ↓ | ↓ |
| 234 | 382 | 116 | 401 | 259 |
| + 527 | + 431 | + 328 | + 290 | + 625 |
| ☐ | ☐ | ☐ | ☐ | ☐ |

## 5 Completa la tabla.

| Minuendo | Sustraendo | Diferencia |
|---|---|---|
| 724 | 396 | |
| | 246 | 198 |
| 902 | 513 | |

## 6 Comprueba que los términos de las restas son correctos.

| | | | | | |
|---|---|---|---|---|---|
| Minuendo | 781 | Minuendo | 452 | Minuendo | 805 |
| Sustraendo | 293 | Sustraendo | 309 | Sustraendo | 186 |
| Diferencia | 488 | Diferencia | 124 | Diferencia | 529 |

## Zona de juegos

- ¿Cuántos triángulos ves en la imagen?

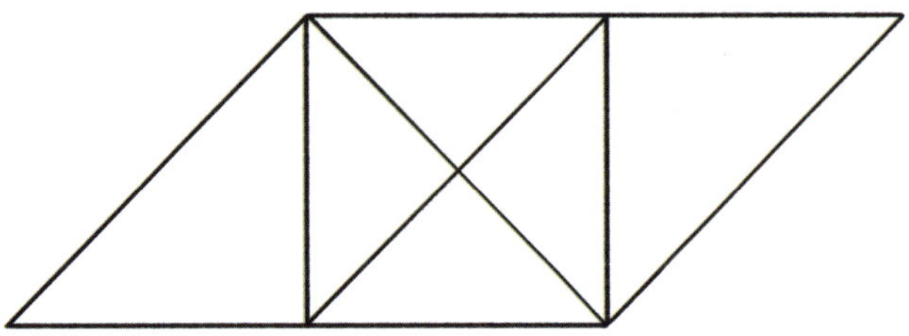

Hay ____ triángulos.

## Toma otro camino

- Resta con el ábaco.

**615 – 378**

**PASO 1**

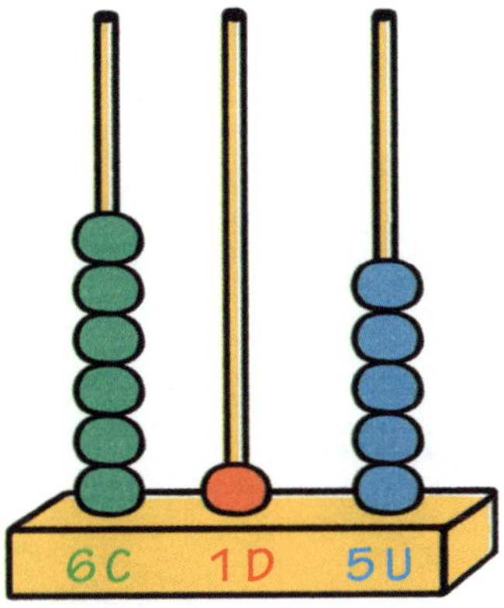


*Colocamos el minuendo.*

**PASO 2**

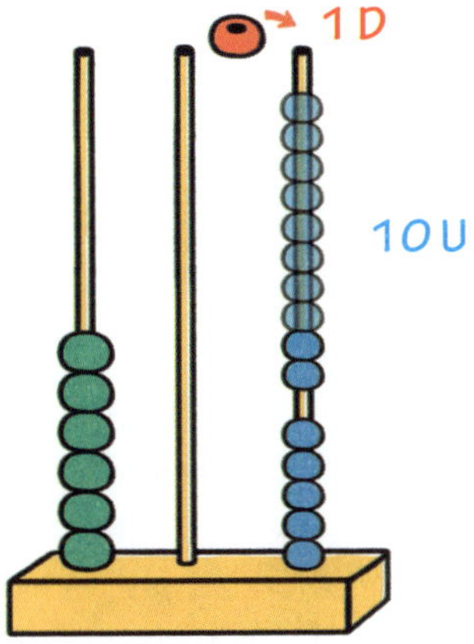


Eliminamos 8 U a 5 U.
*Como no se puede, cambiamos 1 D por 10 U.*

**PASO 3**

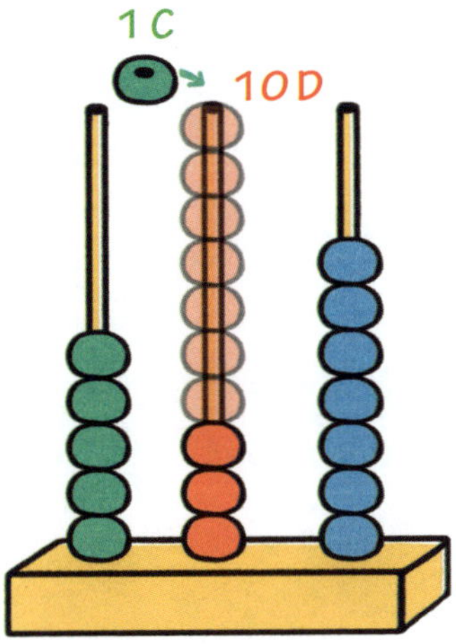


Eliminamos 7 D a 0 D.
*Como no se puede, cambiamos 1 C por 10 D.*

**PASO 4**

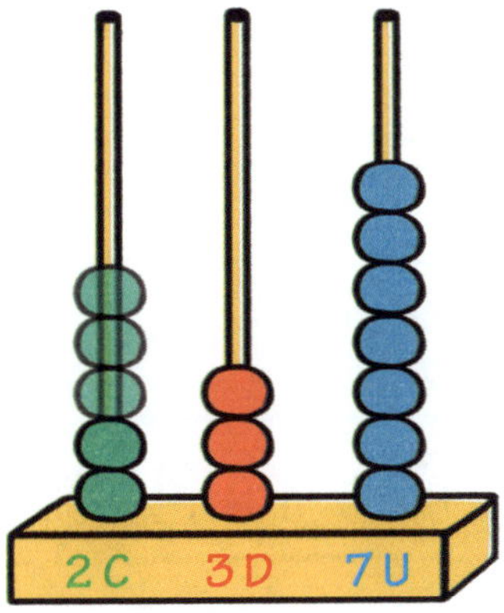


Eliminamos 3 C a 5 C.
*Contamos las bolas que quedan.*
El resultado es 237.

- Utiliza el ábaco para resolver las restas.

605 – 317 = ☐ 964 – 785 = ☐ 622 – 543 = ☐

554 – 219 = ☐ 205 – 176 = ☐ 743 – 485 = ☐

**7** Completa los huecos.

| | | | | | | | |
|---|---|---|---|---|---|---|---|
| 7 4 □ | 5 □ 9 | □ 3 □ | 3 □ □ | □ 0 3 | 4 □ 6 | □ 6 □ | 2 □ 5 |
| − □ 9 5 | − 2 7 □ | − 4 6 6 | − □ 9 7 | − 5 □ 8 | − □ 7 □ | − 3 8 8 | − □ 3 9 |
| 3 4 6 | □ 5 6 | 1 □ 6 | 1 1 7 | 3 7 □ | 1 7 8 | 6 □ 9 | □ 7 6 |

**8** Escribe las restas que corresponden a estas pruebas.

187 + 458 = 645

288 + 547 = 835

392 + 216 = 608

| | | |
|---|---|---|
| □ | □ | □ |
| − □ | − □ | − □ |
| □ | □ | □ |

## No te despistes

- Resta con el ábaco y con cifras. Comprueba que los resultados coinciden.

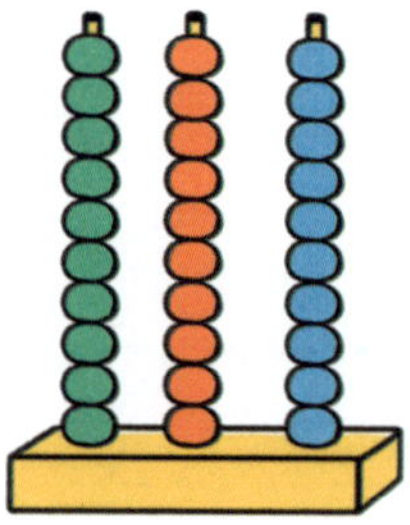

**835 – 247**

Resultado: □

- Inventa y resuelve un problema con estas pistas.

Tema: Hojas de papel.

Operación: Resta.

Datos: Tiene 134 hojas de papel, utiliza 78.

Enunciado: ______

Solución: ______

## Me pongo a prueba

- Colorea de verde lo que hayas hecho muy bien, de amarillo lo que hayas hecho bien y de rojo lo que puedas hacer mejor.

- ○ Compruebo si una resta es correcta.
- ○ Utilizo el ábaco para realizar restas con llevadas.
- ○ Invento y resuelvo problemas dadas unas pistas.
- ○ Realizo los ejercicios propuestos sin ayuda.

# 4 Cálculo rápido con restas

**Resta 10 a números de tres cifras.**

567 – 10 = 557

(6 – 1)

**Resta decenas completas a números de tres cifras.**

472 – 40 = 432

(7 – 4)

**Resta 11 a números de tres cifras.**

649 —(–10)→ 639 —(–1)→ 638

(–11)

1 Completa las tablas.

| –10 | |
|---|---|
| 456 | |
| 183 | |
| 292 | |
| 633 | |
| 394 | |

| –60 | |
|---|---|
| 782 | |
| 164 | |
| 293 | |
| 471 | |
| 359 | |

| –11 | –10 | –1 |
|---|---|---|
| 123 | | |
| 915 | | |
| 736 | | |
| 451 | | |
| 666 | | |

## 2 Continúa las series.

529 → (– 10) → ☐ → (– 10) → ☐ → (– 10) → ☐ → (– 10) → ☐

783 → (– 20) → ☐ → (– 30) → ☐ → (– 40) → ☐ → (– 70) → ☐

994 → (– 11) → ☐ → (– 11) → ☐ → (– 11) → ☐ → (– 11) → ☐

## 3 Calcula sin hacer operaciones.

| | | |
|---|---|---|
| 357 – 30 = ☐ | 914 – 10 = ☐ | 133 – 10 = ☐ |
| 189 – 10 = ☐ | 561 – 40 = ☐ | 247 – 11 = ☐ |
| 275 – 11 = ☐ | 492 – 11 = ☐ | 886 – 60 = ☐ |

## 4 Completa los huecos.

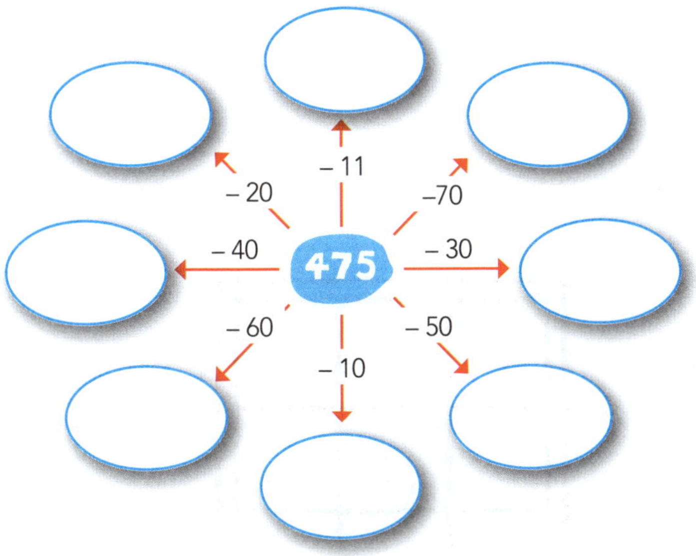


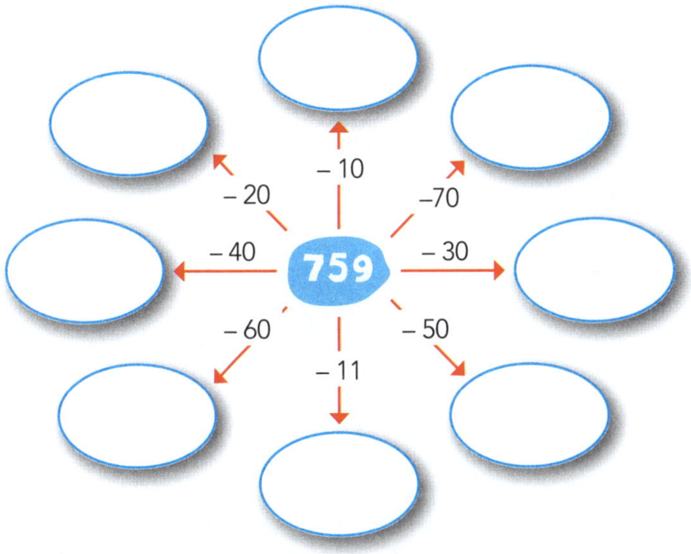

**5** Realiza las operaciones y consigue salir del laberinto.

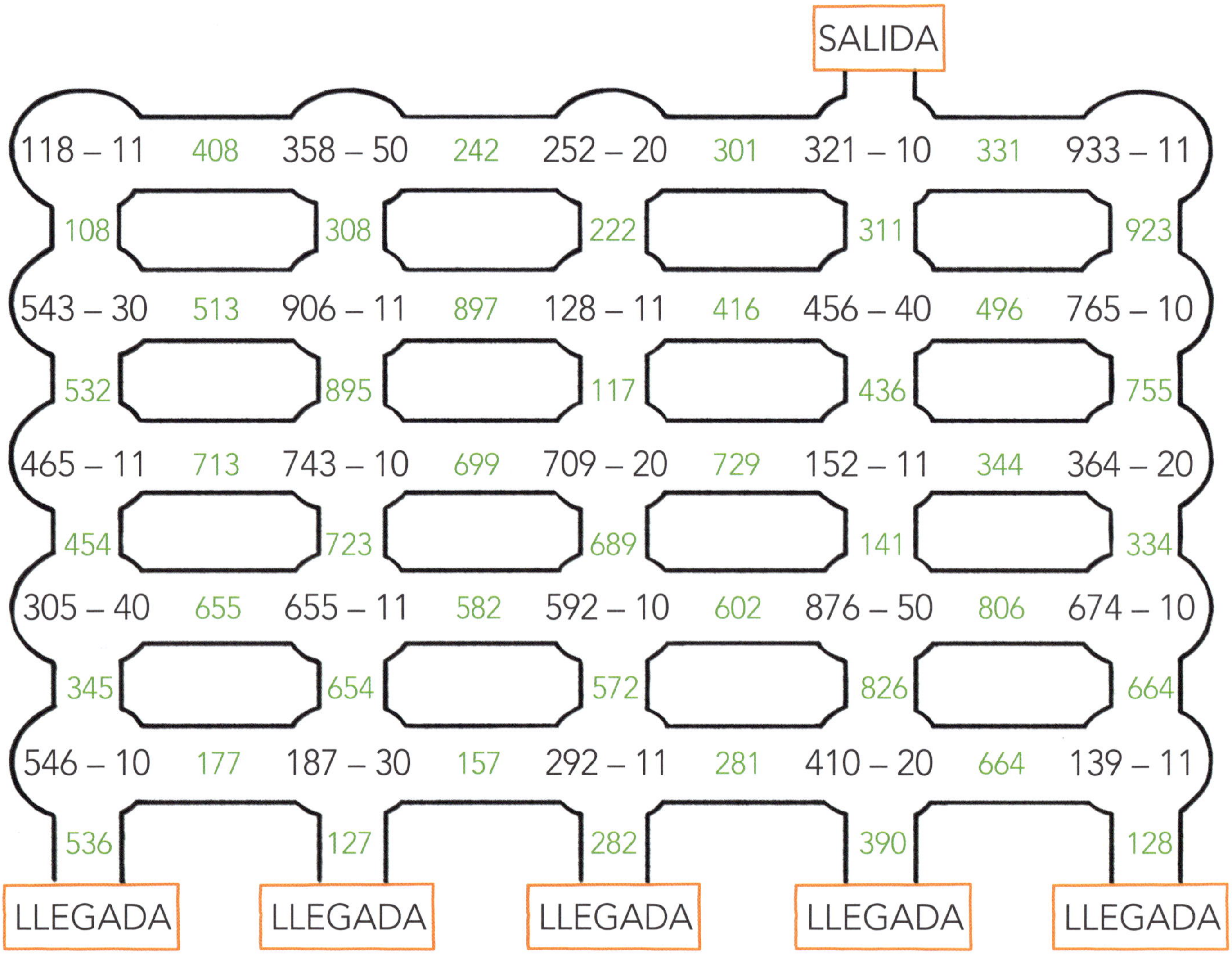

## Zona de juegos

- Completa el cuadrado mágico.

**Suma mágica → 33**

| | | |
|---|---|---|
| 7 | | 3 |
| | 6 | |
| 4 | | |

## Toma otro camino

### Resta con el método ABN.

**614 – 287**

**PASO 1**

Minuendo → 614; Sustraendo → 287

| – | 614 | 287 |
|---|---|---|
| | | |
| | | |
| | | |
| | | |

Lo que vamos restando. (primera columna)

El resultado que obtenemos en cada paso. (segunda columna)

Lo que nos va quedando. (tercera columna)

**PASO 2**

| – | 614 | 287 |
|---|---|---|
| 200 | 414 | 87 |
| | | |
| | | |
| | | |

Descomponemos 287 para restarlo a 614.

**PASO 3**

| – | 614 | 287 |
|---|---|---|
| 200 | 414 | 87 |
| 14 | 400 | 73 |
| 70 | 330 | 3 |
| 3 | 327 | 0 |

Continuamos descomponiendo y restando hasta que la columna del sustraendo sea 0. El resultado es 327.

### Practica con estas restas y rodea el resultado.

| – | 362 | 174 |
|---|---|---|
| | | |
| | | |
| | | |
| | | |

| – | 615 | 348 |
|---|---|---|
| | | |
| | | |
| | | |
| | | |

| – | 422 | 237 |
|---|---|---|
| | | |
| | | |
| | | |
| | | |

6 Calcula y ordena de mayor a menor.

343 – 10 = ☐    378 – 11 = ☐    284 – 30 = ☐

298 – 40 = ☐    276 – 10 = ☐    365 – 11 = ☐

☐ > ☐ > ☐ > ☐ > ☐ > ☐

7 Calcula mentalmente y completa el crucigrama.

1 → 801 – 10 = ☐

2 → 422 – 30 = ☐

3 → 252 – 11 = ☐

4 → 793 – 10 = ☐

5 → 593 – 30 = ☐

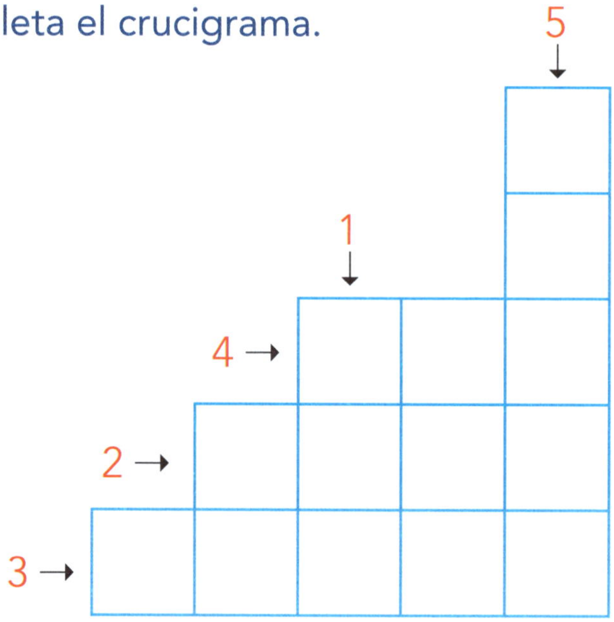

## No te despistes

Resta con el método ABN y con cifras. Comprueba que los resultados coinciden.

| | | |
|---|---|---|
| | | |
| | | |
| | | |
| | | |

426 – 179

- Inventa preguntas para el siguiente enunciado.

  Sofía ha comprado un ordenador por 515 €. Tenía ahorrados 678 € pero en el camino ha comprado una revista por 29 €.

  Pregunta 1: ____________________

  ____________________

  Pregunta 2: ____________________

  ____________________

  Solución 1: ____________________

  ____________________

  Solución 2: ____________________

  ____________________

## Me pongo a prueba

- Colorea de verde lo que hayas hecho muy bien, de amarillo lo que hayas hecho bien y de rojo lo que puedas hacer mejor.

  - ○ Realizo cálculos rápidos con restas.
  - ○ Utilizo el método ABN para resolver restas con llevadas.
  - ○ Invento preguntas dado un enunciado y las resuelvo.
  - ○ Realizo los ejercicios propuestos sin ayuda.

# 5 Practico la resta con llevadas (números de tres cifras)

**1** Realiza las siguientes restas.

| | | | | |
|---|---|---|---|---|
| $\begin{array}{r} 954 \\ -\ 367 \\ \hline \end{array}$ | $\begin{array}{r} 201 \\ -\ 155 \\ \hline \end{array}$ | $\begin{array}{r} 782 \\ -\ 419 \\ \hline \end{array}$ | $\begin{array}{r} 346 \\ -\ 298 \\ \hline \end{array}$ | $\begin{array}{r} 132 \\ -\ 129 \\ \hline \end{array}$ |
| $\begin{array}{r} 613 \\ -\ 587 \\ \hline \end{array}$ | $\begin{array}{r} 424 \\ -\ 136 \\ \hline \end{array}$ | $\begin{array}{r} 800 \\ -\ 254 \\ \hline \end{array}$ | $\begin{array}{r} 962 \\ -\ 495 \\ \hline \end{array}$ | $\begin{array}{r} 545 \\ -\ 187 \\ \hline \end{array}$ |
| $\begin{array}{r} 871 \\ -\ 283 \\ \hline \end{array}$ | $\begin{array}{r} 705 \\ -\ 491 \\ \hline \end{array}$ | $\begin{array}{r} 523 \\ -\ 166 \\ \hline \end{array}$ | $\begin{array}{r} 419 \\ -\ 122 \\ \hline \end{array}$ | $\begin{array}{r} 904 \\ -\ 637 \\ \hline \end{array}$ |

**2** Calcula y haz la prueba.

| | | | |
|---|---|---|---|
| $\begin{array}{r} 521 \\ -\ 237 \\ \hline \end{array}$ | $\begin{array}{r} 653 \\ -\ 174 \\ \hline \end{array}$ | $\begin{array}{r} 275 \\ -\ 128 \\ \hline \end{array}$ | $\begin{array}{r} 904 \\ -\ 756 \\ \hline \end{array}$ |

**3** Completa la serie.

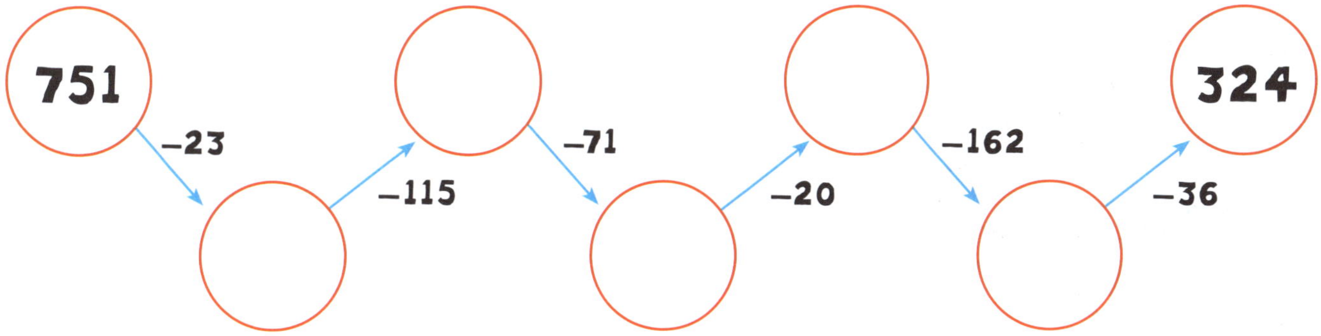


**4** Completa los huecos para que sean correctas estas restas.

| | | | | |
|---|---|---|---|---|
| 635 | ☐ | 911 | 843 | ☐ |
| − ☐ | − 351 | − 544 | − ☐ | − 197 |
| 259 | 478 | ☐ | 352 | 546 |

## Zona de juegos

- Forma con las piezas del tangram la siguiente figura.

5 Realiza las restas y colorea el dibujo con el código de colores.

468 164 362

114 737 136

## Toca las mates

- Utiliza el ábaco y los bloques de base 10 para resolver las restas.

**415 – 287**

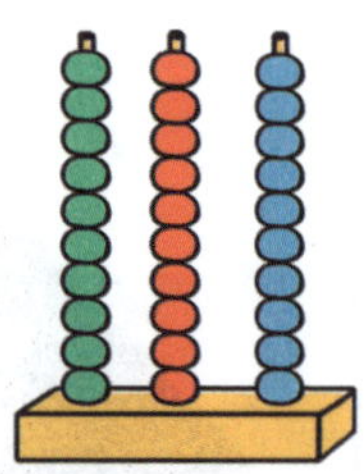

Resultado:

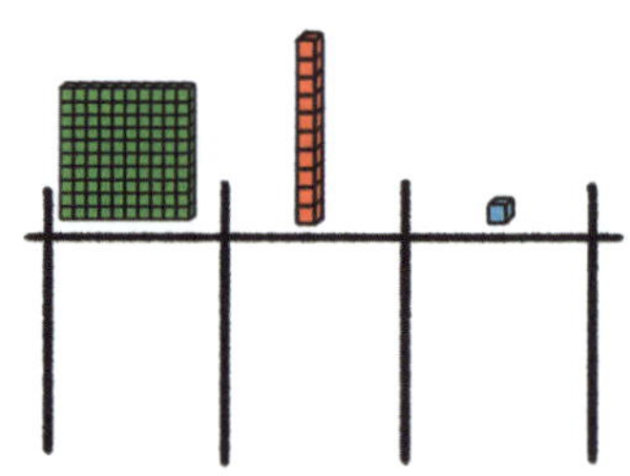

Resultado:

- Completa el problema teniendo en cuenta la operación dada.

En un almacén hay ____ cajas de regalo. Al llegar la Navidad, se han vendido ____ entre los habitantes de un pueblo.

¿ ______________________________ ?

354 – 187

Solución: ______________________________

____ ______________________________

## Me pongo a prueba

- Colorea de verde lo que hayas hecho muy bien, de amarillo lo que hayas hecho bien y de rojo lo que puedas hacer mejor.

○ Resto con llevadas números de hasta tres cifras.

○ Resto aplicando diferentes métodos.

○ Resto 10, 11 y decenas completas a números de tres cifras.

○ Invento y resuelvo problemas.

○ Realizo los ejercicios propuestos sin ayuda.

# Mapa visual

- Observa y completa con números, dibujos o palabras.

## ¿Cómo se resta?

Resto las ______,

las ______

y, por último, las ______ .

796 – 464

| C | D | U |
|---|---|---|
| 7 | 9 | 6 |
| – 4 | 6 | 4 |
| ☐ | ☐ | ☐ |

## Resta con llevadas

**Recuerda**

☐ = 10 U

1 C = ☐

624 – 176

| C | D | U |
|---|---|---|
| 1C | 1D | |
| 5 ☐ | 1 ☐ | 4 |
| ~~6~~ | ~~2~~ | |
| – 1 | 7 | 6 |
| ☐ | ☐ | ☐ |

No puedo eliminar ☐ a 1.

Cambio 1 ______

por 10 ______ .

No puedo eliminar ☐ a ☐ .

Cambio 1 ______

por 10 ______ .

## Prueba de la resta

**535 – 218**

______ + sustraendo = ______

| | C | D | U |
|---|---|---|---|
| | 5 | 3 | 5 |
| – | 2 | 1 | 8 |
| | | | |

→

| | C | D | U |
|---|---|---|---|
| | 2 | 1 | 8 |
| + | | | |
| | | | |

## Cálculo rápido con restas

### Restar 10

1**4**5 – **1**0

☐ – ☐

1 ☐ 5

### Restar decenas completas

7**8**2 – **3**0

☐ – ☐

7 ☐ 2

### Restar 11

654 – 11

↓ –10

☐

↓ –1

☐

# Índice




Proyecto Visualmente: Anaya Educación

Contenido: D. Lucini Martel. Edición: Beatriz Fuentes y Joaquín Montón. Corrección: Mercedes Pérez. Maquetación: Elena Cofiño. Ilustraciones: Laura Miyashiro. Diseño: Rubén González. Equipo de Diseño y Gráficos: Paz Franch.


Las **normas ortográficas** seguidas en este cuaderno son las establecidas por la Real Academia Española en la *Ortografía de la lengua española*, publicada en el año 2010.

Nuestras publicaciones mantienen el rigor en el uso y en la selección de los contenidos, en las imágenes y en el lenguaje, para cumplir con la **no discriminación** por razón de género, cultura u opinión.


© Del texto: Grupo Anaya, S.A., 2017.
© Del conjunto de esta edición: GRUPO ANAYA, S.A., 2017 - C/ Juan Ignacio Luca de Tena, 15 - 28027 Madrid


ISBN: 978-84-698-3171-7 - Depósito Legal: M-1825-2017 - Printed in Spain.



Reservados todos los derechos. El contenido de esta obra está protegido por la Ley, que establece penas de prisión y/o multas, además de las correspondientes indemnizaciones por daños y perjuicios, para quienes reprodujeren, plagiaren, distribuyeren o comunicaren públicamente, en todo o en parte, una obra literaria, artística o científica, o su transformación, interpretación o ejecución artística fijada en cualquier tipo de soporte o comunicada a través de cualquier medio, sin la preceptiva autorización.



ET032040/1E1I - 1002048